Einsatz von Robotern in der Fertigung

Lucas Saretzki

Bibliografische Information der Deutschen Nationalbibliothek:

Die Deutsche Nationalbibliothek verzeichnet diese Publikation in der Deutschen Nationalbibliografie; detaillierte bibliografische Daten sind im Internet über http://dnb.d-nb.de abrufbar.

ISBN: 9783346811530

Dieses Buch ist auch als E-Book erhältlich.

© GRIN Publishing GmbH
Nymphenburger Straße 86
80636 München

Das Buch bei GRIN: https://www.grin.com/document/1324403

FOM Hochschule für Ökonomie & Management

Hochschulzentrum Dortmund

Berufsbegleitender Studiengang zum
Wirtschaftsingenieur (M.Sc.)

3. Semester

Seminararbeit im Modul
Praxis Transferprojekt

über das Thema

Einsatz von Robotern in der Fertigung

Autor:	Lucas Saretzki
Abgabedatum:	28.02.2022

Inhaltsverzeichnis

Abbildungsverzeichnis

Abkürzungsverzeichnis

AMR	Autonome Mobile Roboter
ROI	Return on Invest
SCARA	Selective Compliance Assembly Robot Arm

1 Einleitung

Roboter beschäftigen den Menschen schon seit der Mitte des letzten Jahrhunderts. Bekannt gemacht wurden sie durch zahlreiche Science-Fiction Filme. Doch was vor wenigen Jahrzehnten noch eine reine Zukunftsvision war, ist inzwischen Alltag.

Die derzeitigen Trends in der Produktionstechnik wie kürzere Produktlebenszyklen, kundenindividuelle Produkte, sprunghafte Marktentwicklungen und der zunehmende Optimierungsdruck führen zu einem steigenden Bedarf an flexiblen und adaptierbaren Produktionsanlagen.[1] Nach Angaben des World Robotics Report 2020 stieg die weltweite Zahl der Industrieroboter in den letzten fünf Jahren um 85 Prozent. Trotz der Pandemie bewegen sich die Verkaufszahlen auf einem hohen Niveau.[2]

Immer mehr Aufgaben in Fabriken werden im Zuge der fortschreitenden Automatisierung von Industrieroboter übernommen. Sie haben sich durch ihre Flexibilität als Schlüsseltechnologie für verschiedenste Bereiche entlang der Wertschöpfungskette erwiesen. Der Aufbau von adaptionsfähigen Anlagen ist eine der zentralen Herausforderungen für die Fertigung der Zukunft.[3] In 2022 werden global rund 4 Millionen Industrieroboter im Einsatz sein. Der Wettlauf um die Automatisierung in der Fertigung ist weltweit in vollem Gange.[4]

Doch Roboter ist nicht gleich Roboter. So erfüllt nicht jeder Industrieroboter die vorherrschenden Anforderungen an die Umsetzung der Automatisierung in Produktion oder Logistik, mit denen Unternehmen konfrontiert sind. Die Wahl des richtigen Systems hängt für jedes Unternehmen von individuellen Faktoren ab. Dabei ist die Auswahl ist gleichermaßen wichtig wie schwierig, insbesondere in Anbetracht des breiten Angebots.

---

[1] Vgl. *Unger-Leinhos, A.*, Von der Vision zur Wirklichkeit, 2017., o. S.
[2] Vgl. *o. V.*, Markt & Technik, Industrieroboter oder Cobot – Welches Roboterkonzept für welche Anwendung? Heft 40/2021, S. 44
[3] Vgl. *Reinhart, G., et. al.*, Industrieroboter – Planung, Integration, Trends., 2018, S. 11.
[4] Vgl. *Diez-Holz, L.*, Europa führend beim Einsatz von Industrierobotern, 2019, o. S.

1.1 Problemstellung

Aufgrund der hohen Vielfalt an unterschiedlichen Robotertypen, fällt es vielen Unternehmen schwer richtig einzuschätzen, welcher Roboter für das Unternehmen passend ist. Bei unzureichender oder falscher Beratung, kann es bspw. dazu kommen, dass für den explizierten Anwendungsfall ein überqualifizierter Industrieroboter gewählt wird, der die Arbeit zwar erledigen kann, aufgrund der hohen Anschaffungskosten und Betriebskosten jedoch nicht wirtschaftlich arbeitet. Wichtig ist es zu wissen, welche Arbeit verrichtet werden soll und welche Anforderungen hinsichtlich des Roboters gestellt werden.

Um den Einstieg in die Welt der Industrieroboter zu erleichtern, wird daher geklärt, welche Arten von Industrierobotern es gibt, wo ihre jeweiligen Stärken liegen und welche Kriterien bei der Auswahl beachtet werden sollten, um eine Wirtschaftlichkeitsrechnung durchzuführen zu können.

1.2 Zielsetzung und Vorgehensweise

Ziel dieser Arbeit ist es, einen Überblick über die verschiedenen Typen von Industrierobotern mit ihren individuellen Stärken und ihren Einsatzgebieten zu geben, um zu erkennen, ob sich Industrieroboter lohnen und wenn ja, welcher Robotertyp für welche Anwendung am besten geeignet ist.

Hierfür wird zunächst die Geschichte der Robotik zur Entwicklung bis zur heuteigen Technologie zusammengefasst. Daraufhin folgen die Begriffsdefinition und Klassifizierung von Robotik und Robotern sowie die unterschiedlichen Arten der Roboter inkl. der Klassifizierung hinsichtlich der Intensität der Zusammenarbeit mit dem Menschen. Im fünften Teil folgen die Anwendungsgebiete heutiger Industrieroboter in unterschiedlichen Branchen. Darauf aufbauend werden die Chancen und Risiko analysiert, dich sich durch die Integration von Industrieroboter ergeben und eine Handlungsempfehlung für Unternehmen abgeleitet. Im letzten Kapitel werden die wichtigsten Informationen aus der gesamten Ausarbeitung in einem Fazit zusammengefasst.

2　Entwicklung der Robotik

Zum Ende des zweiten Weltkrieges gelang dem Ingenieur Joseph Engelberger und dem Erfinder Geaorge Devol der Durchbruch für den ersten Industrieroboter der Welt. Er trug den Namen Unimate und besaß einen mechanischen Arm, der mehrere Befehle ausführen konnte, die auf einer Magnettrommel gespeichert waren. Im Frühjahr 1961 kam er im General Motors-Werk in Ewing Township zum Einsatz um dort Druckgussteile für Kfz-Karosserien zu schweißen.[5]

1968 erhielt das japanische Unternehmen Kawasaki das Lizenzrecht, Unimate in Japan für den asiatischen Markt zu produzieren. Ab 1970 halfen hydraulische Industrieroboter in Deutschland bei Mercedes-Benz in der Automobilproduktion. Doch die Roboter, die zunächst das Punktschweißen unter hoher Belastung übernehmen sollten waren überfordert. Der Augsburger Robotik-Pionier Kuka war Händler von Unimation. Dieser rüstete die amerikanischen Roboter für die Mercedes auf. Ab 1973 baute er schließlich seinen eigenen Roboter mit sechs elektromechanisch angetriebenen Achsen, den Famulus.[6]

Wenige Jahre später präsentierte das schwedisches Unternehmen Asea, heute bekannt unter dem Namen ABB, seinen ersten Roboter. Der IRB 6 war der erste vollelektrische Industrieroboter mit Mikroprozessorsteuerung. Das Punktschweißen entwickelte sich zum wichtigsten Anwendungsbereich für Industrieroboter und der 1982 eingeführte IRB 90 wurde speziell für diese Anwendung entwickelt.[7]

Nach und nach traten immer mehr Anbieter mit Roboter in den Markt. Zur Mitte der 80er Jahren waren die Schweißstraßen der Automobilhersteller vollständig mit Robotern ausgestattet, sodass sie die Roboterindustrie neuen Bereichen widmete.

Der letzte große Meilenstein kam 2004 mit der Einführung der der LBR-Reihe von Kuka. Sie erlaubte es, eng mit dem Menschen zusammen zu arbeiten, ganz

---

[5] Vgl. *Kawasaki Robotics*, 2022., o. S.
[6] Vgl. *Unger-Leinhos, A.,* Von der Vision zur Wirklichkeit, 2017., o. S.
[7] Vgl. *Unger-Leinhos, A.,* Von der Vision zur Wirklichkeit, 2017., o. S.

ohne Schutzzaun. Möglich was das über Kraftmomentensensoren, die mit in der Antriebstechnik vom Arm integriert wurden, sodass der Arm merkt, wenn er auf ein Hindernis stößt und entsprechen stoppen kann.[8]

Es war die Geburtsstunde der Cobots. Gegenüber den klassischen Industrierobotern hatten sie die Vorteile, dass sie sich leicht transportieren ließen und flexibel eingesetzt werden können. Dies ermöglichte es, neue Anwendungsfelder zu erschließen und verhalf den Robotern die Erfolgsgeschichte bis heute fortzusetzen.

3 Begriffsdefinition und Klassifizierung

3.1 Abgrenzung zwischen Robotik und Roboter

Robotik und Roboter werden oft gleichbedeutend verwendet, obwohl dies nicht ganz richtig ist. Die Bezeichnung „Roboter" stammt ursprünglich vom tschechischen Dramatiker Karel Čapek, der in einem Theaterstück im Jahr 1920 das Phänomen künstlicher Menschen beschreiben wollte.[9] Seither prägte der Begriff über Generationen die Fantasie vom Menschen, eines Tages Maschinen zu bauen, die die Arbeit vom Menschen übernehmen können.

Heutige Robotersysteme bestehen aus Kinematik, Steuerungs- und Programmiersystem, Effektor sowie Peripherieeinheiten, wie Sensoren, Werkzeugwechselsystemen und Schutzeinrichtungen.[10]

Eine allgemeingültig Definition zum Roboter wurde in 2001 von Thomas Christaller neu definiert: *„Roboter sind sensomotorische Maschinen zur Erweiterung der menschlichen Handlungsfähigkeit. Sie bestehen aus mechatronischen Komponenten, Sensoren und rechnerbasierten Kontroll- und Steuerungsfunktionen. Die Komplexität eines Roboters unterscheidet sich deutlich von anderen Maschinen durch die größere Anzahl von Freiheitsgraden und die Vielfalt und den Umfang seiner Verhaltensformen."*[11]

---

[8] Vgl. *Nördinger, S., Poll, D.,* Mensch-Roboter-Kollaboration: Wo sich Cobots wirklich lohnen, 2020, o. S.
[9] Vgl. *Schmitt, S.,* Geschichte der Roboter: Von Heron über Spot in die KI-Zukunft, 2022, o. S.
[10] Vgl. *Uhlmann, El, Krüger, J.,* Industrieroboter, 2014, S.119.
[11] *Berns, K., Schmidt D.,* Robotik – Grundlagen, Programmierung, Informationsverarbeitung,

Robotik wiederum kann als eine interdisziplinäre Wissenschaft verstanden werden, die sich mit der Realisierung von Robotersystemen und deren Anwendung beschäftigt.[12] Sie beschreibt gleichzeitig die Kombination aus Mechanik, Elektrik, Automatisierungstechnik und Software und wie Maschinen mit Menschen zusammen interagieren. Die heutige Robotik beschäftigt sich mit Technologien, welche die Interaktion des Menschen mit seiner Umwelt durch elektromechanische Apparate ersetzen. Grundlage für den Ablauf sind Sensoren, die Informationen sammeln, ein Prozessor, der sie verarbeitet, und Aktoren: Sie setzen Signale in mechanische Prozesse um.[13]

3.2 Roboterarten

Inzwischen gibt es in verschiedensten Bereichen die unterschiedlichsten Arten von Roboter. Von der bereits bekannten Automobilindustrie, über die Medizin bis hin zum privaten Haushalt und der Raumfahrt. Überall sind Roboter im Einsatz, um den Menschen zu unterstützen. Insgesamt lassen sich fünf Roboterarten klassifizieren:

Industrieroboter: Der Einsatz dieser Roboter ist für den Industriesektor konzipiert. Sie sind robust, schnell, präzise und verfügen über eine hohe Traglast.

Typische Anwendungsfelder sind Schweißen, Kleben, Schneiden, Lackieren, Handling und Montieren.[14]

Serviceroboter: Serviceroboter sind für Dienstleistungen und Hilfestellungen aller Art zuständig, sie bringen und holen Gegenstände, überwachen die Umgebung ihrer Besitzer oder das Befinden von Patienten und halten ihr Umfeld im gewünschten Zustand.[15] Um sich autonom bewegen zu können, sind Sie mit Navigationseinrichtungen und Sensoren zur Erfassung der Umwelt ausgestattet.[16]

2010, S. 6.
[12] Vgl. *Stark, G.,* Robotik mit MATLAB, 2009, S. 18.
[13] Vgl. *Schmitt, S.,* Geschichte der Roboter: Von Heron über Spot in die KI-Zukunft, 2022, o. S.
[14] Vgl. *Stark, G.,* Robotik mit MATLAB, 2009, S. 17.
[15] Vgl. *Bendel, O.,* Service Robots in Public Soace, 2017, o. S.
[16] Vgl. *Stark, G.,* Robotik mit MATLAB, 2009, S. 17.

Mobile Roboter: Mobile Roboter, auch Autonome Mobile Roboter (AMR) genannt, bewegen sich selbstständig und erledigen eine Aufgabe ohne menschliche Hilfe. Sie können beispielsweise einer Linie auf dem Boden folgen, einer Lichtquelle folgen oder sich frei bewegen und Hindernissen ausweichen. Sie werden typischerweise in der Logistik, in gefährlicher Umgebungen extremer Hitze oder Kälte sowie Unterwasser verwendet.[17]

Mikro-, Nanoroboter: Mikro- und Nanoroboter, auch Nanobots genannt, sind autonome Roboter im Miniaturformat und werden derzeit noch erforscht Sie könnten in Zukunft einzeln oder im Schwarm agieren und unter anderem in der Bio- oder Umweltüberwachung, zur Inspektion technischer Infrastrukturen oder im Bereich der Medizintechnik eingesetzt werden.[18]

Humanuide Roboter: Diese Robotersysteme sind in ihrem Aussehen und Verhalten dem Menschen nachempfunden. Sie sollten über vergleichbare kognitive, sensorische und motorische Fähigkeiten verfügen, um direkt mit dem Menschen kommunizieren und interagieren zu können. Im Gegensatz zu Industrierobotern sind die Anforderungen darauf ausgerichtet, dass Mensch und Maschine sicher im selben Arbeitsraum interagieren können. Langfristig wird angestrebt, humanoide Roboter als multifunktionale Arbeitsmaschinen und Assistenten des Menschen einzusetzen.[19]

3.3 Zusammenarbeit zwischen Mensch und Roboter

Nicht immer arbeiten Menschen und Roboter Hand in Hand. Die Intensität hinsichtlich der Zusammenarbeit kann in drei Kategorien unterteilt werden:

Koexistenz: Roboter und Mensch existieren nebeneinander und unabhängig voneinander. Der Mensch hat seine eigene Arbeitsstation und der Roboter arbeitet an einem anderen Bereich der Wertschöpfungskette.

---

[17] Vgl. *Stark, G.,* Robotik mit MATLAB, 2009, S. 17.
[18] Vgl. *o. V.* Mikro- und Nanorobotik: Was können die kleinsten Roboter schon?, 2021, o. S.
[19] Vgl. *Gerke, W.,* Technische Assistenzsysteme, 2015, o. S.

Kooperation: Roboter und Mensch haben gelegentlich Schnittstellen, wenn z.B. vom Menschen neue Rohmaterialien an den Roboter weitergeben werden, der Roboter sonst aber in seinem Bereich selbstständig arbeitet.

Kollaboration: Roboter und Mensch teilen sich einen Arbeitsplatz. Kollusionen mit Menschen sind demnach möglich und teils auch erwünscht, da durch Berührungen auch Befehle an den Roboter ausgegeben werden können. Allerdings sind hier durch die vorgegebenen Sicherheitsstufen die Geschwindigkeiten und Kräfte der Roboter stark eingeschränkt.[20]

4 Klassifizierung der Industrieroboter

Der Bestand an Industrieroboter hat sich in den letzten 10 Jahren fast verdreifacht.[21] Gründe wieso der Einsatz von Robotern so rapide zunimmt, ist zum einen das Anstreben einer immer höheren Automatisierung aber auch, dass die Roboter immer günstiger und besser werden und das es je nach Einsatzzweck immer mehr verschiedener Arten gibt. Innerhalb der Industrieroboter können die folgenden Typen unterteilt werden:

4.1 Linearroboter

Linearroboter, auch kartesische, Portal- oder XYZ-Roboter genannt, sind die meistgenutzten Roboter in der Industrie. Sie setzen sich aus mehreren miteinander verbundenen linearen Antriebssystemen zusammen. Oft sind sie auch mit einer zusätzlichen Drehachse in der letzten Achse ausgestattet. Sie lassen sich für jeder Dimension konfigurieren, passen sich so jeder Maschinenkonstruktion an und eignen sich für Aufgaben wie automatisches Be- und Entladen, Drehen oder Transferieren.[22] Ein Vorteil ist die einfache Programmierung, da ein Fahrbefehl nicht in eine Roboterkinematik übersetzt werden muss.[23]

---

[20] Vgl. *Britting, S.*, Kollaborative Roboter. Entwicklung eines zeitbasierten Planungsansatzes zur Arbeitsteilung zwischen Mensch und Roboter in hybriden Arbeitssystemen, 2016, S.9 f.
[21] Vgl. *o. V.*, Statista, Industrieroboterbestand weltweit nach Anwendungsbereich. , 2021, o.S.
[22] Vgl. *o. V.*, KUKA Linearroboter, 2022, o. S.
[23] Vgl. *Glazer, A.*, Low Cost Automation, 2020, o. S.

Abbildung 1: Bauform und Arbeitsraum eines Linearroboters

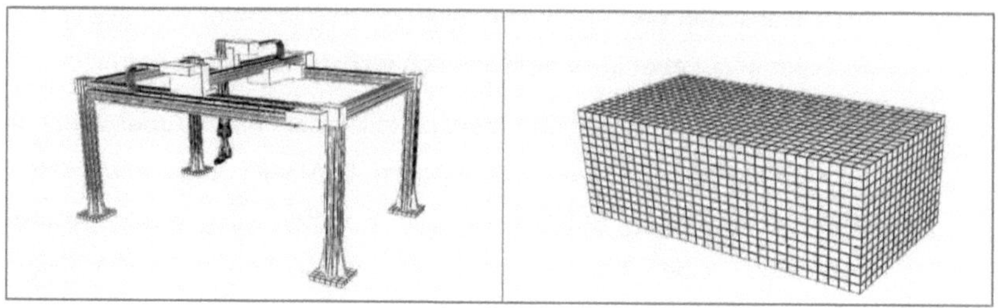

Quelle: *Uhlmann, El, Krüger, J.*, Industrieroboter, 2014, S.110.

4.2   Delta Roboter

Die Besonderheit dieses Robotertyps ist, dass alle Antriebe, meist drei bis sechs, aus einer Richtung und parallel zueinander wirken. Man spricht deshalb auch von Parallelkinematiken oder Spinnenrobotern. Der Flansch für den Endeffektor (z. B. ein Greifer) ist besonders leicht, weshalb nur wenig Masse bewegt werden muss.[24] Dadurch sind hohe Beschleunigungen möglich. Sie erreichen Geschwindigkeiten von bis zu 200 Piks/min bei einer Genauigkeit von 0,5 mm, weshalb sie auch "der schnelle Roboter" genannt werden.[25] Sie sind ideal für den Einsatz in Pick-and-Place-Anwendungen, zum Beispiel in der Lebensmittel-, Elektronik- und Pharmaindustrie, zum Sortieren und Verpacken von Produkten von Förderbändern oder für Montageprozesse.

Abbildung 2: Bauform und Arbeitsraum eines Delta Roboters

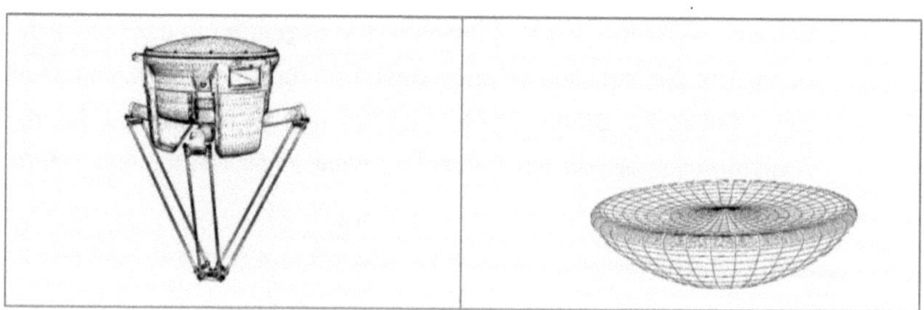

Quelle: *Uhlmann, El, Krüger, J.*, Industrieroboter, 2014, S.110.

---

[24] Vgl. *Reinhart, G., et al.*, Industrieroboter – Planung, Integration, Trends, 2018, S. 19.
[25] Vgl. *Glazer, A.*, Low Cost Automation, 2020, o. S.

4.3 Gelenkarmroboter

Gelenkarmroboter, auch Knickarmroboter genannt, sind dem menschlichen Arm nachempfunden und haben meist 6 Freiheitsgrade. Um eine größere Reichweite des Roboters zu erreichen, werden sie oft auf einer Linearachse, der sogenannten siebten Achse, montiert. Knickarmroboter können individuell und flexibel eingesetzt werden. Die benötigte Stellfläche ist im Vergleich zum verfügbaren Arbeitsraum sehr klein.[26] Die Antriebe sind durch die Aneinanderreihung der Achsen und der damit einhergehenden Masse einer hohen Belastung ausgesetzt. Dies macht in Einzelfällen einen zusätzlichen Massenausgleich durch Gegengewichte notwendig. Dies wirkt sich allerdings negativ auf die Positioniergenauigkeit aus, weshalb Leichtbau bei Knickarmrobotern von großer Bedeutung ist.[27]

Da die einzelnen Achsen nicht direkt mit den Raumachsen korrespondieren, ist eine komplexe Koordinatentransformation notwendig. Im Vergleich zu anderen Robotertypen, ist der Gelenkarmroboter demnach langsamer, unpräziser und schwieriger zu integrieren, dafür jedoch in jedem Bereich flexibel einsetzbar.[28] Typische Anwendungen sind: Palettier-, Greif-, Prüf-, Montage- oder Schweißanwendungen. Durch sein hohes Maß an Flexibilität ist dieser Robotertyp ist in allen Branchen und Industriebereichen wiederzufinden.[29]

Abbildung 3: Bauform und Arbeitsraum eines Gelenkarmroboters

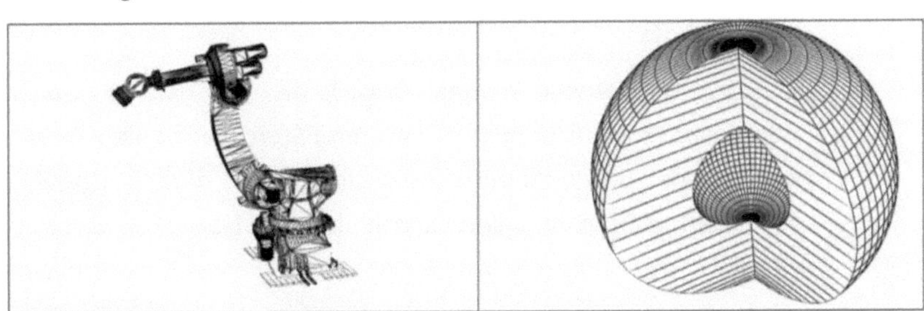

Quelle: *Uhlmann, El, Krüger, J.,* Industrieroboter, 2014, S.110.

---

[26] Vgl. *Reinhart, G., et al.,* Industrieroboter – Planung, Integration, Trends, 2018, S. 19.
[27] Vgl. *Reinhart, G., et al.,* Industrieroboter – Planung, Integration, Trends, 2018, S. 19.
[28] Vgl. *Reinhart, G., et al.,* Industrieroboter – Planung, Integration, Trends, 2018, S. 19.
[29] Vgl. *Glazer, A.,* Low Cost Automation, 2020, o. S.

4.4   SCARA Roboter

Der SCARA-Roboter (**S**elective **C**ompliance **A**ssembly **R**obot **A**rm), auch „reduzierter Gelenkarmroboter" genannt, besteht aus zwei parallelen Drehgelenken und ermöglicht sowohl Rotation als auch lineare Bewegung in der Z-Achse.[30] Aufgrund der Konstruktionsweise hat die Masse des Roboters keinen negativen Einfluss auf die Antriebe. Das bedeutet, dass kleinere Antriebe verwendet werden können. Außerdem zeichnet sich der SCARA-Roboter durch eine hohe Steifigkeit in vertikaler Richtung aus, so dass hohe Geschwindigkeiten ermöglicht werden. Seine Anwendung ist jedoch auf kleine Bewegungsmassen und vier Freiheitsgrade beschränkt. Typische Anwendungen sind Montage- und Fügeaufgaben.[31]

Abbildung 4: Bauform und Arbeitsraum eines SCARA Roboters

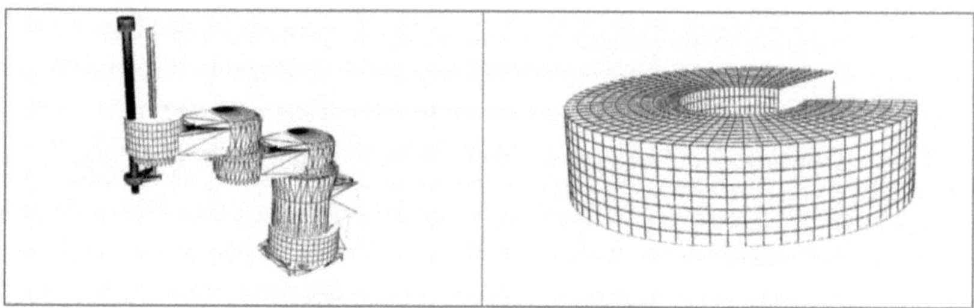

Quelle: *Uhlmann, El, Krüger, J.,* Industrieroboter, 2014, S.110.

4.5   Cobots

In mancher Literatur werden Cobots als die nächste Generation von Industrierobotern bezeichnet, in anderen Fällen werden sie jedoch von diesen unterschieden und nicht zu den Industrierobotern gezählt. Obwohl ihr Aufbau dem eines Knickarmroboters ähnelt, ist ihr klassischer Einsatzbereich ein anderer.

Der Begriff „Cobot" leitet sich vom englischen Ausdruck "collaborative robot" (kollaborativer Roboter) ab, da sie entwickelt wurden, um direkt und ohne Schutzzaun mit dem Menschen zusammenzuarbeiten. Sie sollen den Menschen

---

[30] Vgl. *o. V.,* KUKA Linearroboter, 2022, o. S.
[31] Vgl. *Glazer, A.,* Low Cost Automation, 2020, o. S.

nicht wegrationalisieren, sondern ihn bei seinen Aufgaben unterstützen. Die DIN EN ISO 10218-1:2011 beschreibt den kollaborierenden Betrieb als einen Zustand der direkten Zusammenarbeit eines hierfür konstruierten Roboters mit dem Menschen innerhalb eines festgelegten Arbeitsraums.

Im Vergleich zu klassischen Industrierobotern sind Cobots einfacher zu bedienen und eignen sich gut für kleine Stückzahlen in einer großen Variantenvielfalt. Zudem bieten sie integrierte Sicherheit für die Zusammenarbeit mit Mitarbeitern am selben Arbeitsplatz, sind flexibler und mobiler. Herkömmliche Industrieroboter hingegen sind in der Regel besser für Hochgeschwindigkeits- und Präzisionsmontageanwendungen geeignet.[32]

Abbildung 10 zeigt den Aufbau eines typischen Cobots mit seinen Anwendungsmöglichkeiten:

5 Anwendungsgebiete von Industrierobotern

5.1 Automobilindustrie

Der Grund für die zunehmende Roboterdichte liegt vor allem in der Automatisierung in der Großindustrie, insbesondere in der Automobilbranche. Hier kommen rund ein Drittel aller Industrieroboter weltweit zum Einsatz.[33]

Hintergrund ist der Wandel von der Massenproduktion zu individualisierten Fahrzeugen, so dass die Losgrößen für ein Modell in der Produktion immer kleiner werden. Die Automobilhersteller müssen jederzeit auf Änderungen in ihrem Produktionslayout vorbereitet sein, um auf neue Nachfragesituationen reagieren zu können. Daher sind vor allem Flexibilität und Agilität zu Schlüsselfaktoren in der Branche geworden.[34]

Die neue Fertigungsstraße besteht aus leicht umbaubaren Produktionszellen. In diesen schweißen, lackieren und fügen Roboter in wenigen Sekunden die Komponenten der einzelnen Karosserien zusammen.

---

[32] Vgl. *o. V.*, Markt & Technik, Industrieroboter oder Cobot / Welches Roboterkonzept für welche Anwendung? Heft 40/2021, S. 44
[33] Vgl. *Diez-Holz, L.*, Europa führend beim Einsatz von Industrierobotern, 2019, o. S.
[34] Vgl. *Einertshofer, P.*, Roboter in der Automobilindustrie, 2018, o. S.

Der Transport von Karosserien und Motoren erfolgt teilweise auf fahrerlosen Transportsystemen. Sie können vom Produktionsfluss abgekoppelt und zu Montagestationen umgeleitet werden, wo individuell ausgestattete Varianten montiert werden können.[35]

Wo früher mit hohem Aufwand und Kosten ganze Produktionslinien demontiert und neu aufgebaut werden mussten, können heute Industrie- und autonome Mobilroboter bei Modellwechseln einfach umprogrammiert werden.

5.2 Lebensmittelindustrie

Die Arbeit in kalten Räumen oder an Öfen bringt den Menschen an seine Grenzen wodurch körperliche Kraft und Ausdauer sowie die Gesundheit beeinträchtigt werden. Zudem Das steigt das Kontaminationsrisiko durch Tröpfchen auf Lebensmitteln aus Mund und Nase. Die gleichbleibende Hygiene eines Roboters reduziert das Risiko von Keimen oder Krankheitserregern im Verarbeitungsprozess.[36] In vielen Fällen werden neben Industrierobotern und Cobots zum Verpacken, Etikettieren und Palettieren von Lebensmitteln eingesetzt. Dies ist auch dann der Fall, wenn es sich um kleinere Stückzahlen und einer damit verbundenen höheren Produktvarianz handelt.

Die Greifertechnik von Robotern ist ein hochrelevanter Aspekt bei Automatisierungsprozessen in der Lebensmittelindustrie und das in zweierlei Hinsicht: Zum einen müssen die mechanischen Eigenschaften des Greifers auf die jeweiligen Lebensmittel abgestimmt werden, da die Greifer ihre Aufgaben erfüllen aber keine sichtbaren Abdrücke auf den Produkten hinterlassen sollen, zum anderen gilt für die Greifer, dass sie die hohen hygienischen Anforderungen in der Lebensmittelindustrie zwingend erfüllen müssen.[37] Hersteller von Robotersystemen bieten hierfür spezielle Modelle aus Edelstahl an, die nicht rosten und mit Hochdruckreinigern gereinigt werden können.

---

[35] Vgl. *Fisch, F.,* Intelligente Roboter, 2021, o. S.
[36] Vgl. *Buckenhüskes, H. J.,* Roboter in der Lebensmittelindustrie, 2015, S 2.
[37] Vgl. *Buckenhüskes, H. J.,* Roboter in der Lebensmittelindustrie, 2015, S 2.

5.3 Elektronikindustrie

Eine Industrie die erst spät auf den Zug der Robotik aufgesprungen ist, mittlerweile jedoch zu der insgesamt führenden Branche für den Einsatz von Industrierobotern zählt, ist die Elektronikindustrie. Alleine 109.000 Industrieroboter wurden 2020 neu dazugekauft. Zum Vergleich: Für die Automobilindustrie waren es im selben Jahr 102.000 Einheiten.[38] Industrieroboter sowie Cobots werden in der Elektronikindustrie zum Kleben, Löten oder Schrauben von Kleinteilen eingesetzt – Schnelligkeit und Präzision sind gefragt.

Grund für den rasanten Zuwachs an Robotern in den letzten Jahren sind nicht nur die Effizienzsteigerung der Roboter selbst, sondern auch die wachsenden Qualitätsanforderungen im Markt sowie die schnellen Innovations- und Produktionslebenszyklen und die daraus resultierenden kürzeren Produktionszeiten einer Modellreihe.

Ähnlich wie in der Automobilindustrie profitiert auch die Elektronikindustrie von der Flexibilität der Roboter. Während es früher noch Produktmodellreihen gab, die über Jahre hinweg eingesetzt wurden, ändern Hersteller hier ihre Modelle oft schon nach wenigen Monaten. Dieser schnelle Wechsel erfordert ein extrem hohes Maß an Flexibilität.[39]

6 Chancen und Risiken für den Arbeitsmarkt

Das wirtschaftliche Potenzial von Industrierobotern ist groß und bildet neue Chancen für Unternehmen. Die letzten Jahre haben gezeigt, dass sich durch den Einsatz von Robotern die Effizienz der Produktion in einigen Bereichen stark steigern lässt: Die Produktions- und Lohnkosten sinken, während die Qualität, Angebot und Nachfrage weiter ansteigen. Dies bleibt jedoch nicht ohne Folgen für die Arbeitnehmer. Roboter lösen weiterhin Ängste um den Arbeitsplatz aus, denn in einigen Ländern ist zu beobachten, dass Roboter tatsächlich Arbeitsplätze ersetzt haben.[40]

---

[38] Vgl. *Breitkopf, A.*, Industrieroboter - Absatz weltweit nach Branchen 2020, 2022, o.S.
[39] Vgl. *Pfeiffer, K.*, So können Roboter die Elektronikfertigung flexibilisieren, 2016, o.S.
[40] Vgl. *Pundy, D.*, Roboter: Risiko und Chance für Europas Arbeitsmarkt, 2017, o. S.

Im Allgemeinen gibt es zwei Möglichkeiten der Automatisierung. Die eine verfolgt das Ziel einer Fabrik ohne Menschen und bildet damit ein Risiko für Arbeitnehmer. Dadurch können zugleich Personalkosten gesenkt, die Arbeitszeiten erhöht und ein Personalmangel vorgebeugt werden, was daher eine Chance für Arbeitgeber bedeutet.

Die zweite Möglichkeit zielt auf die Zusammenarbeit zwischen Roboter und Mensch und bildet Chancen für beide Seiten. Roboter sollen dazu beitragen, monotone und körperlich schwere Aufgaben zu erleichtern und weniger gesundheitsschädlich zu machen. Insbesondere ältere Arbeitnehmer und Frauen profitieren im Sinne der Gleichberechtigung vom Einsatz von Cobots in der Produktion, da die Roboter dem Arbeitnehmer schwere Arbeiten abnehmen können.

Durch technische Innovationen konnten zudem neue Märkte erschlossen werden, wodurch wiederum neue Jobs in der Entwicklung sowie im Dienstleistungssektor geschaffen werden. Dadurch konnte der Jobverlust in der verarbeitenden Industrie ausgeglichen werden.[41]

In den weltweiten Industrien sind die Stufen der Wertschöpfungskette vermehrt noch aufgeteilt: Forschung und Entwicklung werden hauptsächlich in Europa und den USA betrieben. Die Fertigung ist überwiegend in Asien angesiedelt. Viele namenhafte Konzerne haben einzelne Fertigungsschritte oder gesamte Produktionen aufgrund der niedrigeren Lohnkosten ins Ausland verlagert. Dank dem Einsatz der Roboter zur Automatisierung der Fertigung ist es nun nicht nur möglich, in China trotz der dort rasant steigenden Löhne weiterhin effizient zu produzieren, sondern auch Schritte aus dem Fertigungsprozess wieder zurück nach Europa oder in die USA zu holen.[42]

7 Handlungsempfehlungen

Wie im fünften Kapital gezeigt wurde, gibt es für Industrieroter diverse Einsatzmöglichkeiten für verschiedenste Branchen. Der Return on Invest (ROI)

---

[41] Vgl. *Pundy, D.*, Roboter: Risiko und Chance für Europas Arbeitsmarkt, 2017, o. S.
[42] Vgl. *Pfeiffer, K.*, So können Roboter die Elektronikfertigung flexibilisieren, 2016, o.S.

gilt als der entscheidende Faktor bei der Frage, ob ein Unternehmen mit dem Einsatz von Robotern seine Prozesse automatisieren sollte, da sich die Anschaffung innerhalb weniger Jahre amortisieren muss.

Um die Wirtschaftlichkeit einer Investition in Industrieroboter berechnen zu können, muss als erstes herausgefunden werden, welcher Robotertyp für die individuelle Anwendung der richtige ist. Da jede Achse mehr Komplexität, einen höheren Programmieraufwand[43] und somit eine höhere Investition bedeutet, sollte ein Roboter nach der Minimalanforderung gewählt werden.

Grundsätzlich gibt es viele Einflussgrößen auf die richtige Auswahl des Roboters. Die wichtigsten fünf sind:

1. Anzahl der Freiheitsgrade
2. Maximale Traglast
3. Wiederholgenauigkeit
4. Geschwindigkeit
5. Reichweite

Damit der richtige Robotertyp gefunden werden kann, müssen daher folgende Fragen geklärt werden:

- Welche Produkte (Größe, Gewicht, Empfindlichkeit etc.) sollen hergestellt werden?
- Welcher Bewegungsablauf muss in welche Richtungen erfolgen?
- Welche Distanzen müssen dabei überwunden werden?
- Wie hoch muss die Wiederholgenauigkeit und Präzision sein?
- Soll der Roboter fest montiert oder flexibel einsetzbar sein?
- Soll der Roboter alleine oder in Kooperation mit Mitarbeitern agieren?
- Ist eine Bildverarbeitung für Qualitätsprüfungen erforderlich?

Hersteller von Robotersystemen wie auch Unternehmensberatungen im Bereich Industrie und Service Robotik können bei der Beantwortung dieser Fragestellungen zu Seite stehen, um gemeinsam nach einer passenden Lösung zu suchen. Die Anschaffungskosten für den Roboter selbst sind allerdings nur

---

[43] Vgl. *Glazer, A.*, Low Cost Automation, 2020, o. S.

ein kleiner Anteil der Gesamtkosten für eine Automatisierung. Wichtig ist, dass neben den Anschaffungskosten auch Kosten für Peripheriegeräte und für Adaptierungen an bestehende Maschinen sowie Installationskosten anfallen. Planungsaufwand, Inbetriebnahme mit Programmierung, Wartungen und Instandhaltung sollten ebenfalls bei der Berechnung der Gesamtkosten mit einbezogen werden.[44]

Die Kostenersparnis eines Industrieroboters im Vergleich zur konventionellen Fertigung wird oft erst bei einer Produktionsumstellung oder einem Modellwechsel erkennbar. Durch die Wiederverwendung des Roboters und von Teilen der Peripherie wird der Investitionsaufwand für neue Produktionsanlagen erheblich reduziert, so dass die Amortisationszeit bei Robotersystemen meist 3 bis 4 Jahre beträgt.[45]

Die Wirtschaftlichkeitsrechnung sollte bei der Gegenüberstellung zur konventionellen Fertigung über längeren Zeitraum erfolgen, der Kosten für die Umstellung von Produktionsanlagen berücksichtigt. Die Auswahl des Roboters sollte zudem in Zusammenarbeit mit einer Fachberatung getroffen werden, die das Unternehmen bei der Integration beiseite steht, um den für den expliziten Anwendungsfall den am besten geeigneten Roboter auszuwählen. Eine generelle Antwort, welcher Roboter für eine bestimmte Aufgabe am besten geeignet ist, kann daher nicht gegeben werden. Die möglichen Arbeitsprozesse wie Verpackung, Transport oder die Montage von Einzelteilen können von unterschiedlichen Robotertypen ausgeführt werden. Die individuelle Betrachtung des Unternehmens mit den gewünschten Einsatzzwecken und die örtlichen Gegebenheiten spielen dabei eine entscheidende Rolle.

Da jede zusätzliche Funktion und jede zusätzliche Achse mit einem höheren Ausfallrisiko sowie höheren Anschaffungs- und Wartungskosten verbunden ist, sollte der Roboter die Aufgabe erfüllen können, aber keine Funktionen besitzen, die nicht regelmäßig benötigt werden.

---

[44] Vgl. *Reinhart, G., et al.*, Industrieroboter - Ab wann sich die Anschaffung eines Robotersystems lohnt, 2018, o. S.
[45] Vgl. *Reinhart, G., et al.*, Industrieroboter - Ab wann sich die Anschaffung eines Robotersystems lohnt, 2018, o. S.

8   Fazit und Ausblick

Ziel dieser Ausarbeitung war es, einen Überblick über die unterschiedlichen Typen von Industrierobotern mit ihren jeweiligen Stärken und Einsatzmöglichkeiten zu geben, um zu erkennen, ob sich Industrieroboter lohnen und wenn ja, welcher Robotertyp für welche Anwendung am besten geeignet ist.

Es wurden hierfür die unterschiedlichen Intensitäten hinsichtlich der Zusammenarbeit mit Industrierobotern vorgestellt, von der Koexistenz über die Kooperation bis hin zur Kollaboration. Bei der individuellen Auswahl des passenden Robotersystems waren die entscheidenden Kenngrößen Roboters zu beachten: Seine Freiheitsgrade, die Traglast, Wiederholgenauigkeit, Geschwindigkeit sowie die Reichweite.

Die wichtigsten Robotertypen für die industrielle Anwendung sind Linearroboter, Delta Roboter, Gelenkarmroboter, SCARA Roboter und Cobots, wobei letztere sich von den restlichen differenzieren. Im Unterschied zu klassischen Industrierobotern, die während des Produktionsprozesses keine oder nur wenige Berührungspunkte mit dem Menschen haben, sind Cobots speziell für die Zusammenarbeit mit menschlichen Mitarbeitern konzipiert. Zudem lassen sie sich leicht programmieren und aufgrund der kompakten Größe individuell im Unternehmen einsetzen. Somit eignen sie sich besonders für kleinere Stückzahlen und häufiger wechselnde Aufgabengebiete.

Über alle Branchen hinweg ist jedoch der Linearroboter am weitesten verbreitet, vor allem wegen seiner einfachen Bauweise, der vergleichsweise leichten Programmierbarkeit und der Tatsache, dass er in fast jeder Größe erhältlich ist. Jeder Robotertyp hat seine Stärken und Schwächen, weshalb die richtige Wahl von wesentlicher Bedeutung ist. Den „besten" Roboter gibt es nicht. Der Einsatz eines überqualifizierten Roboters kann aufgrund der erhöhten Anschaffungs-, Wartungs- und Betriebskosten die Amortisationszeit verzögern oder sogar zu einer unwirtschaftlichen Investition führen.

Neben den Anschaffungskosten müssen für eine Wirtschaftlichkeitsberechnung auch die Kosten für benötigte Peripheriegeräte und Anpassungen an bestehende Maschinen sowie die Installationskosten berücksichtigt werden. Um den großen

Vorteil des flexiblen Einsatzes der Roboter in die Kalkulation einfließen zu lassen, sollten die Kosten der konventionellen Produktion und der Automatisierung der Roboter über einen längeren Zeitraum verglichen werden, so dass auch die Kosten für Produktionsumstellungen z.B. bei einem Modellwechsel in die Kalkulation mit einbezogen werden.

Der Einsatz von Robotern bietet sowohl Chancen als auch Risiken für Arbeitnehmer und Arbeitgeber. Es besteht nach wie vor die Gefahr, dass Arbeitnehmer durch einen höheren Automatisierungsgrad ihren Arbeitsplatz verlieren, zugleich aber Qualität, Angebot und Nachfrage steigen und damit neue Arbeitsplätze im Dienstleistungssektor entstehen. Roboter können Hand in Hand mit Menschen arbeiten und körperlich anspruchsvolle Aufgaben am Arbeitsplatz übernehmen. Dies schafft Chancengleichheit für Männer und Frauen sowie ältere Arbeitnehmer.

Industrieroboter bieten vor allem europäischen Unternehmen die Möglichkeit, ihre Abhängigkeit von ausländischen Unternehmen, typischerweise aus Asien, zu verringern und wieder stärker regional zu produzieren, da die Höhe der Lohnkosten durch die Automatisierung der Wertschöpfungskette an Bedeutung verliert.

Aufgrund der Kundenwünsche nach mehr Individualisierung und des rasanten technologischen Fortschritts wird sich der Einsatz von Robotern allmählich auf immer mehr Branchen ausweiten. Unternehmen sollten sich daher rechtzeitig mit der Frage einer möglichen Automatisierung auseinandersetzen, bevor sie den Anschluss an den Wettbewerb verlieren.

Literaturverzeichnis

Bendel, Oliver. 2017. *Telepolis - Service Robots in Public Spaces.* 25. Juni. Zugriff am 16. Februar 2022. https://www.heise.de/tp/features/Service-Robots-in-Public-Spaces-3754173.html.

Berns, Karsten, und Daniel Schmidt. 2010. *Robotik - Grundlagen, Programmierung, Informationsverarbeitung.* Springer Verlag.

Breitkopf, A. 2022. *Statista - Industrieroboter - Absatz weltweit nach Branchen 2020.* 20. Januar. Zugriff am 22. Februar 2022. https://de.statista.com/statistik/daten/studie/188246/umfrage/installatione n-von-industrierobotern-durch-robotik-seit-1998/.

Buckenhüskes, H. J. 2015. *Roboter in der Lebensmittelindustrie.* Frankfurt: DLG-Expertenwissen 1/2015.

Diez-Holz, Lisa. 2019. *Ingenieur - Europa führend beim Einsatz von Industrierobotern.* 30. September. Zugriff am 13. Februar 2022. https://www.ingenieur.de/technik/fachbereiche/robotik/deutschland-fuehrend-einsatz-industrierobotern/.

Einertshofer, Petra. 2018. *Universal Robots - Roboter in der Automobilindustrie.* 18. Mai. Zugriff am 21. Februar 2022. https://www.universal-robots.com/de/blog/roboter-in-der-automobilindustrie/.

Gerke, Wolfgang. 2015. *Technische Assistenzsysteme.* Berlin: De Gruyter Oldenbourg.

Glazer, Adriana. 2020. *Igusblogs - Low Cost Automation.* 06. April. Zugriff am 18. Februar 2022. https://blog.igus.de/welche-robotertypen-gibt-es-und-welcher-roboter-ist-der-richtige-fuer-meine-anwendung/.

Krüger, J., R. Bernhardt, D. Surdilovic, und G. Spur. 2006. *Intelligent Assist Systems for Flexible Assembly.* Berlin: Fraunhofer Institute for Production Systems and Design Technology.

Nördinger, Susanne, und Dietmar Poll. 2020. *Produktion - Mensch-Roboter-Kollaboration: Wo sich Cobots wirklich lohnen.* 11. Februar. Zugriff am 14. Februar 2022. https://www.produktion.de/technik/wo-sich-cobots-wirklich-lohnen-381.html.

o. V. 2022. *Kawasaki Robotics.* Zugriff am 14. Februar 2022. https://robotics.kawasaki.com/en1/anniversary/history/history_01.html.

—. 2022. *KUKA - Linearroboter .* Zugriff am 19. Februar 2022. https://www.kuka.com/de-de/produkte-leistungen/robotersysteme/industrieroboter/linearroboter.

—. 2021. „Industrieroboter oder Cobot / Welches Roboterkonzept für welche Anwendung?" *Markt & Technik,* Heft 40.

—. 2021. *Spektrum - Mikro- und Nanorobotik: Was können die kleinsten Roboter schon?* 22. Juni. Zugriff am 17. Februar 2022. https://www.spektrum.de/video/partner/science-notes/mikro-und-nanorobotik-was-koennen-die-kleinsten-roboter-schon/1882390.

—. 2021. *Statista - Industrieroboterbestand weltweit nach Anwendungsbereich.* Zugriff am 10. Februar 2022. https://de-statista-com.gbcprx01.georgebrown.ca/statistik/daten/studie/1180161/umfrage/industrieroboter-bestand-weltweit-nach-anwendungsbereich/.

Pfeiffer, Karin. 2016. *Elektriotechnik - So können Roboter die Elektronikfertigung flexibilisieren.* 05. Oktober. Zugriff am 22. Februar 2022. https://www.elektrotechnik.vogel.de/so-koennen-roboter-die-elektronikfertigung-flexibilisieren-a-552755/.

Pundy, Doris. 2017. *DW- Roboter: Risiko und Chance für Europas Arbeitsmarkt.* 25. November. Zugriff am 23. Februar 2022. https://www.dw.com/de/roboter-risiko-und-chance-f%C3%BCr-europas-arbeitsmarkt/a-41511278.

Reinhart, Gunther, Alejandro Magaña Flores, und Carola Zwicker. 2018. *Industrieroboter - Planung, Integration, Trends.* Würzburg: Vogel Communications Group.

Schmitt, Sarah. 2022. *Mixed - Geschichte der Roboter: Von Heron über Spot in die KI-Zukunft.* 22. Januar. Zugriff am 13. Februar 2022. https://mixed.de/geschichte-der-roboter/.

Stark, Georg. 2009. *Robotik mit MATLAB.* Augsburg: Carl Hanser Verlag.

Unger-Leinhos, Angela. 2017. *Ke-Next - Von der Vision zur Wirklichkeit.* 18. Mai. Zugriff am 13. Februar 2022. https://www.ke-next.de/robotik/die-geschichte-der-robotertechnik-begann-1954-108.html.

BEI GRIN MACHT SICH IHR WISSEN BEZAHLT

- Wir veröffentlichen Ihre Hausarbeit,
  Bachelor- und Masterarbeit

- Ihr eigenes eBook und Buch -
  weltweit in allen wichtigen Shops

- Verdienen Sie an jedem Verkauf

Jetzt bei www.GRIN.com hochladen
und kostenlos publizieren